ICS 35.240.30
A 14
备案号:36388－2012

WH

中华人民共和国文化行业标准

WH/T 43—2012

图书馆 射频识别 数据模型
第1部分:数据元素设置及应用规则

Library—Radio Frequency Identification—Data Model
Part 1: Rules for data elements setting and application

2012－03－23 发布 2012－06－01 实施

中华人民共和国文化部 发布

图书在版编目(CIP)数据

WH/T 43—2012 图书馆 射频识别 数据模型　第1部分:数据元素设置及应用规则/中华人民共和国文化部发布. —北京:国家图书馆出版社,2012.9 (2012.10 重印)

ISBN 978 -7 -5013 -4862 -6

Ⅰ.①W…　Ⅱ.①中…　Ⅲ.①无线电信号—射频—信号识别—应用—图书馆管理—行业标准—中国
Ⅳ.①TN911.23 ②G259.22 -65

中国版本图书馆 CIP 数据核字 (2012) 第 204128 号

责任编辑: 高爽

书名　WH/T 43—2012 图书馆 射频识别 数据模型　第1部分:数据元素设置及应用规则

著者　中华人民共和国文化部　发布

出版　国家图书馆出版社(100034 北京市西城区文津街7号)
(原北京图书馆出版社)

发行　010 -66114536　66126153　66151313　66175620
66121706(传真)　66126156 (门市部)

E - mail　btsfxb@ nlc. gov. cn (邮购)

Website　www. nlcpress. com→投稿中心

经销　新华书店

印刷　北京亚通印刷有限责任公司

开本　880 ×1230(毫米)　1/16

印张　1.75

版次　2012年9月第1版　2012年10月第2次印刷

字数　50(千字)

书号　ISBN 978 -7 -5013 -4862 -6

定价　20.00 元

目　次

前　言

本部分为“图书馆 射频识别 数据模型”标准第1部分，与“图书馆 射频识别 数据模型 第2部分：基于ISO/IEC 15962的数据元素编码方案”共同构成“图书馆 射频识别 数据模型”标准体系。

本部分按照GB/T 1.1—2009给出的规则起草。

本部分由中华人民共和国文化部提出。

本部分由全国图书馆标准化技术委员会(SAC/TC 389)归口。

本部分主要起草单位：国家图书馆。

本部分参与起草单位：深圳图书馆、中国电子技术标准化研究所、北京大学图书馆、汕头大学图书馆、浙江图书馆、南京图书馆、中科院文献情报中心、上海图书馆、杭州图书馆。

本部分主要起草人：孙一钢、申晓娟、董曦京、秦格辉。

本部分参与起草人：王迎霞、田颖、王林、聂华、王文峰、夏海、吴政、刘晓清、宋文、杨明华、寿晓辉。

请注意本文件的某些内容可能涉及专利。本文件的发布机构不承担识别这些专利的责任。

引　言

“图书馆 射频识别 数据模型”标准的制定目的在于为我国图书馆及相关组织提供一套与国际标准化组织图书馆 RFID 技术应用标准兼容的中国行业标准。

“图书馆 射频识别 数据模型”标准由两个相关联的部分组成：

第 1 部分：数据元素设置及应用规则

第 2 部分：基于 ISO/IEC 15962 的数据元素编码方案

“图书馆 射频识别 数据模型”标准主要参照 ISO 28560—1、ISO 28560—2 和 ISO15511 标准，遵循其体系架构总体要求和区域自主参数选择规则，制定中国区域标准。

“图书馆 射频识别 数据模型”标准适用于采用 ISO /IEC 18000—3、ISO/IEC 18000—6C 通信协议的中国区域图书馆及相关行业组织。在执行该标准的中国区域范围内不推荐用户采用 ISO 28560—3 标准，但在实际应用中用户如遇采用 ISO 28560—3 标准（国外资源提供方采用了此标准）的国际物流、互借、编目、数据交换的 RFID 作业时，允许中国辖区用户使用含 ISO 28560—3 标准功能的数据终端处理相关作业。

基于图书馆 RFID 技术应用仍处于发展中，“图书馆 射频识别 数据模型”标准对国际和国内图书馆组织已达成共识的数据模型参数予以准确定义公布；对于已经应用，但存在多种方案和仍在协调之中的技术，待其优化稳定后，将在标准的后续修订版中公布。

图书馆 射频识别 数据模型
第1部分：数据元素设置及应用规则

1 范围

本标准提出了中华人民共和国行政区划内各级各类图书馆及相关机构RFID技术应用中共同采用的标签用户数据元素、标签系统参数设置及应用规则。

标签数据元素、系统参数设置及应用规则可满足下列作业的标签数据元素需求：

——图书馆馆藏流通

——馆藏采访

——馆际互借

——出版者、印刷商及其他为图书馆提供馆藏的供应商的数据需求

——馆藏的清点和库存核对

本部分提出的数据元素、数据模型被用于与本标准相关联的第2部分：基于ISO/IEC 15962的数据元素编码方案。

2 规范性引用文件

下列参考文件对于本文件的应用是必不可少的。凡是注日期的引用文件，仅所注日期的版本适用于本文件。凡是不注日期的引用文件，其最新版本（包括所有的修改单）适用于本文件。

GB/T 2659—2000 国家代码及其分部的代码 第1部分：国家代码

GB/T 2260—2007 中华人民共和国行政区划标准代码

GB/T 19688 信息与文献 书目数据元目录

ISO 15961:2004 信息技术 用于物品管理的射频识别（RFID）数据协议 应用接口

ISO 15511：2009 图书馆及相关组织国际标准标识符

ISO 28560—1 图书馆RFID数据元素和总体需求

3 术语和定义

下列术语和定义适用于本文件。

3.1

供应商 Distributor

从制造商采购产品，然后卖给零售商或其他批发商的机构。

注：在本部分标准中，分销商是指从出版机构采购文献资料，然后卖给图书馆或零售商的批发商。

3.2

馆际互借 ILL，Inter Library Loan

一个图书馆向另一个图书馆提供的借阅服务。

3.3

馆藏 Item

在图书馆系统中可被跟踪的单件。

注：一个馆藏，有时包含了几个物理组件，如附带插图、表格卡片、光盘磁盘、阅读工具等，一般可作为

一个整体外借,但也有将图书与附带光盘分开处理的情况。

3.4

加工商 Jobber

提供诸如标签粘贴等文献的电子信息加工服务,以保证图书馆资源的快速上架。

3.5

图书馆管理系统 Library Management System

针对图书馆业务管理工作编制的计算机系统,用于跟踪所拥有的馆藏、馆藏外借、订购、支付及读者管理。

3.6

分卷(册)Part

组成一套文献的独立物理单元。

3.7

整套 Set

包含了多个卷的文献,各卷均通过同一个文献标识符来标识,并且可作为一个整体来借还。

3.8

供应链 Supply Chain

是一系列实体或过程,从出版商开始,到这些文献进入图书馆结束。

3.9

国家代码前缀 Country Code Prefixes

代表现行国家、附属国及其他特定地理政治关系区域名称的代码,其国家名称基本清单从联合国获得。

3.10

行政区划 Administrative Division Code

国家内的各级行政分区(地理分区)代码。

3.11

图书馆及相关组织国际标准标识符 ISIL

ISO 组织提出的由拉丁字母/数字/间隔符组成的可变长(限长 16 位)的"图书馆及相关组织国际标准标识符",缩写为 ISIL (International Standard Identifier for Libraries and Related Organizations)。

4 用户数据元素

4.1 用户数据元素概述

表 1 中列出本标准定义的用户数据元素。

图书馆可选择性地使用表中数据元素作为 RFID 标签存储项,表中若干数据元素为本地(指所属馆)预留项,当非馆藏所有者对标签进行处理时将不对本地预留项进行改写(例如馆际互借时)。

表 1 用户数据元素表

序号	数据元素名称	描述	参见	与 GB/T 19688 对应	状态	数据元素相互关系
1	主馆藏标识 Primary item identifier	至少在一图书馆内唯一化的馆藏标识符	4.2.1	单件标识	必备	无

续表

序号	数据元素名称	描述	参见	与 GB/T 19688 对应	状态	数据元素相互关系
2	内容参数 Content parameter	说明标签的数据构成	4.2.2	无	可选	无
3	所属机构代码(ISIL) Owner institution	该馆藏所属机构的 ISIL 代码	4.2.3	成员标识; 参与者功能	必备	数据元素 3、23 互斥
4	卷(册)信息 Set Information	馆藏卷(册)总数和分卷(册)编号	4.2.4	总卷(册)数; 分卷(册)编号	可选	无
5	应用类别 Type of usage	馆藏的附加限制性信息	4.2.5	无	可选	无
6	排架位置 Shelf Location	馆藏位置的代码	4.2.6	复本架位号	可选	无
7	ONIX 媒体格式 ONIX Media format	ONIX 媒体描述符	4.2.7	记录内容类别	可选	数据元素 7、8、19 描述应一致
8	MARC 媒体格式 Marc Media format	MARC21 媒体分类描述符	4.2.8	记录内容类别	可选	数据元素 7、8、19 描述应一致
9	供应商标识 Supplier Identifier	馆藏供应商标识代码	4.2.9	成员标识; 参与者功能	可选	无
10	订购号 Order number	图书馆与供应商之间有实际交易的册件编号	4.2.10	预订标识符	可选	无
11	馆际互借借入机构 ILL Borrowing Institution (ISIL)	馆际互借借入机构的 ISIL 代码	4.2.11	成员标识; 参与者功能	可选	数据元素 11、25 互斥
12	馆际互借作业编号 ILL Borrowing Transaction Number	一件馆际互借作业的编号	4.2.12	无	可选	无
13	GS1 产品标识 GS1 product identifier	全球统一标识系统(GS1)的商品代码(GTIN-13)	4.2.13	来源标识代码	可选	数据元素 13、18 描述应一致
14	备选馆藏唯一标识符 Alternative unique item identifier	新标签架构下可能出现的编码	4.2.14	无	为未来应用预留	
15	本地数据 A Local Data A	本地定义的任何功能项	4.2.15	无	可选	无
16	本地数据 B Local Data B	本地定义的任何功能项	4.2.16	无	可选	无

续表

序号	数据元素名称	描述	参见	与 GB/T 19688 对应	状态	数据元素相互关系
17	题名 Title	正题名/馆藏（单册）题名	4.2.17	题名	可选	无
18	产品标识（本地） Product identifier(local)	非 GTIN – 13 的产品标识	4.2.18	来源标识代码	可选	数据元素 13、18 描述应一致
19	媒体格式（其他） Media Format(other)	非 ONIX 或 MARC 的媒体描述符	4.2.19	记录内容类别	可选	数据元素 7、8、19 描述应一致
20	供应链位置标识 Supply Chain Stage	馆藏当前停留在供应链位置	4.2.20	无	可选	无
21	供应商发票号 Supplier Invoice Number	图书馆与供应商之间有实际交易的物品（馆藏）发票编号	4.2.21	发票标识符	可选	无
22	备选馆藏标识 Alternative Item Identifier	馆藏的可选标识符	4.2.22	单件标识	可选	无
23	备选所属机构标识 Alternative Owner institution	所属图书馆/机构的非 ISIL 代码	4.2.23	成员标识； 参与者功能	可选	数据元素 3、23 互斥
24	所属机构分馆标识 Subsidiary of an Owner institution	图书馆机构的内部代码	4.2.24	成员标识； 参与者功能	可选	无
25	备选 ILL 互借机构标识 Alternative ILL Borrowing Institution	馆际互借机构的非 ISIL 代码	4.2.25	成员标识； 参与者功能	可选	数据元素 11、25 互斥
26	本地数据 C Local Data C	本地定义的任何功能项	4.2.26	无	可选	无
27	预留项 Reserved for future use		4.2.27		为未来应用预留	
28	预留项 Reserved for future use		4.2.28		为未来应用预留	
29	预留项 Reserved for future use		4.2.29		为未来应用预留	
30	预留项 Reserved for future use		4.2.30		为未来应用预留	
31	预留项 Reserved for future use		4.2.31		为未来应用预留	

4.2 用户数据元素使用

4.2.1 主馆藏标识

对图书馆馆藏的唯一标识应采用主馆藏标识符。流通管理要求具备此数据元素。在采访过程中可能不使用此元素。

主馆藏标识符可以是、但不必等同于(之前使用的)条形码。如果标识符的唯一化超出一个图书馆范围以及如何实现此目的,可由地区或国家层面来决定。

本标签元素一般可按图书馆集成系统(单一集成、统一分布式系统、简单联网系统)的需求设计,例如系统内唯一性、区域唯一性、合作组织内唯一、前置字母组合代码设置,推荐采用纯数字编码,不限长(冗余总量适量为限)。

本标签元素的存储编码方式、值域参见本标准第 2 部分。此元素为必备项。

参见:附录 A RFID 标签(标识)唯一化。

4.2.2 内容参数

内容参数数据元素项指示了标签数据的构成,参数会因本标准其他章节中各种不同的编码方案而有不同的形式。

本标签元素的编码方式、值域参见本标准第 2 部分。此元素为可选项。

4.2.3 所属机构代码——图书馆国际标准化标识符

所属机构代码(ISIL)数据元素被用于记录拥有该馆藏的图书馆的标识代码。

为保证流通馆藏的唯一性,在中国区域,本标准规定所属机构代码(ISIL)。

图书馆国际标准化标识代码应与 ISO 15511 中定义的一致。

本标签元素的存储编码方式、值域参见本标准第 2 部分。此元素为必备项。

本标准遵循 ISO 15511 标准的总体编码结构原则及其国家区域自主编码部分的指导建议,规划了 ISIL 代码内中国区域图书馆代码细化方案,具体编码结构如下:

a) ISIL 代码由拉丁字母,阿拉伯数字(0—9),分隔符(-;/ ; :)组成。字符集应与 ISO/IEC: 10646—1 的编码一致。

b) ISIL 代码为不定长,总长度不超过 16 个字符。

c) ISIL 代码的国家前缀代码采用 GB/T 2659 规定的 2 位拉丁字母国家代码,整体国家前缀固定格式为 2 位大写拉丁字母国家代码加分隔符“-” 。

   例如:中国前缀格式为:CN-,瑞典前缀格式为:SE-

d) 用于非国家专业组织代码前缀为 1、3 或 4 个拉丁字母和阿拉伯数字的组合,整体非国家专业组织代码前缀的固定格式为以上字符代码加分隔符“-”。

   例如:OCLC 前缀格式为: ocl-

e) 中国区域 ISIL 代码的完整格式上:2 位国家代码前缀 + “-” +6 位中国行政区划代码 + “-” + 1 位图书馆类型代码 + “-” + 图书馆自定码。

其中 6 位中国行政区划代码,采用 GB/T 2260—2007 中华人民共和国行政区划标准代码中的行政区划 6 位代码(3 位省/直辖市代码 +3 位县/区代码)。

1 位图书馆类型代码参见表 2。

图书馆自定码可采用拉丁字母、阿拉伯数字或二者的任意组合。

示例:ISIL 代码:CN-110108-1- NLC

   代码含义:中国-北京海淀区-国家、大中型公立公共-国家图书馆

f) 非国家代码前缀属下的中国区域组织后继代码的完整格式:非国家代码前缀 + "-" + 区域组织自定代码。

示例:ISIL 代码:ocl-bjcc

代码含义:OCLC 组织-某分支机构代码

表 2 中国图书馆及相关组织类型表

类型代码	图书馆及相关组织类型
1	国家图书馆,省、市、县及同级行政区域级公共图书馆
2	中国科学院所属图书馆
3	中国社会科学院所属图书馆
4	高等教育单位所属图书馆
5	国家/省/部/县级党政机构所属图书馆 注:含上述机构的党校图书馆。军队、教育、企业等所属党校图书馆可入各相关类。
6	社会团体所属图书馆(民主党派、协会、学会、社团、宗教、无附属研究机构等所属图书馆)
7	军事单位所属图书馆 注:军事单位是否采纳 ISIL 代码可按相关规定处理。
8	公共公益事业类单位所属图书馆(如各类事业办事机构,医院、民政类单位、伤残军人疗养院、公立慈善机构等)
9	企业类单位所属图书馆(工业、商业、服务业等)
A	私立大中型图书馆(指省市县级规模,私立小型馆归入 B)
B	市、县、镇、区内各类资金来源小型社区图书馆、室
C	幼、初、中等教育单位所属图书馆(含公立、私立、公私合立)
D	收藏型图书馆,纪念馆,博物馆附设图书馆(如名人纪念馆、书院,书楼,公立私立均可)
E	资料型图书馆(版本,公共资料、皮书、咨询机构等图书馆,公、私立均可)
F	图书馆藏品加工配送中心,公共编目中心
…	……
Z	……

注:中国区域 ISIL 代码的实际注册管理可由中国图书馆行业组织权威机构遵照 ISO - ISIL 中心机构的分支机构注册管理要求实施。

参见:附录 B 对 ISO 15511—2009 ISIL 图书馆及相关组织国际标准化标识符的参照性引用。

4.2.4 卷(册)信息

4.2.4.1 概述

如果卷(册)信息数据元素被编码,它应由两部分参数组成,即:

a)馆藏卷(册)总数

b)分卷(册)编号

这两个部分参数分别在以下的4.2.4.2 和4.2.4.3 小节中定义,被用于标识各分册在卷套中的排列关系。

单行本馆藏可忽略此项。系统读到不含卷套信息数据元素的标签时,可假定其为单行本。

4.2.4.2 馆藏卷(册)总数

对于卷套中仅有一卷(册)馆藏,其"馆藏卷(册)总数"的值为"1"。

对于卷套多于一卷(册)的馆藏,其"馆藏卷(册)总数"的值可设为0 到255。正数值表示卷套中的总卷(册)数,0 表示总卷(册)数不详。

4.2.4.3 分卷(册)编号

对于卷套中仅有一卷(册)馆藏,其"分卷(册)编号"的值为"1"。

对于卷套多于一卷(册)的馆藏,在下述两种之一的情况下,其"分卷(册)编号"的值可设为0 到255:

a)如果在一个卷套内所有卷(册)仅带有一个RFID 标签,应为卷套中每一相应卷(册)分配一个正数分卷(册)编号。

b)如果卷套中仅有某些卷(册)带有一个RFID 标签,其第一卷(册)应分配分卷(册)编号为0,同时其余卷(册)按照卷套中的相应序号分配分卷(册)编号,由此推论,没有分卷(册)则其分卷(册)编号为1。

4.2.4.4 示例

示例1:具有3 个卷(册)的多卷套文献,其所有分卷(册)的标签内容如下:

分卷(册)编号=1 (第一个RFID 标签) 代码= 3 1

分卷(册)编号=2 (第二个RFID 标签) 代码= 3 2

分卷(册)编号=3 (第三个RFID 标签) 代码= 3 3

示例2:具有单一卷(册)、单一标签的文献:

分卷(册)编号 =1 代码= 1 1 (如果存在)

示例3:具有12 个卷(册)的多卷套文献,其第4 部册:

分卷(册)编号=4(第四个RFID 标签) 代码= 1204

示例4:具有4 个卷(册),但其中一册没有标签:

分卷(册)编号=1 (第一个RFID 标签) 代码=4 0

分卷(册)编号=2 (第二个RFID 标签) 代码=4 2

分卷(册)编号=3 (第三个RFID 标签) 代码=4 3

分卷(册)编号=4(无RFID 标签)

注:第一卷(册)代码为"0"有两个功能:

a)提示不是所有卷(册)都有RFID 标签;

b)提示这是第一卷(册)。

示例5:具有未知卷(册)数或续增时间超时的多卷套文献:
分卷(册)编号=1(第一个RFID标签)　代码=0 1
分卷(册)编号=2(第二个RFID标签)　代码=0 2
分卷(册)编号=3(第三个RFID标签)　代码=0 3
分卷(册)编号=4(第四个RFID标签)　代码=0 4
注:前面的“0”提示卷(册)总数不固定。

本标签元素为可选项,其值的替代获取方式为从自动化系统相应数据字段中获得。

4.2.5 应用类别

4.2.5.1 概述

应用类别数据元素提供有关馆藏的附加限定,例如资料类型以及在图书馆内的用途。

由于RFID适用领域的普及,此数据元素动态设置有益于标签写入者,如果此数据元素被编码,其取值范围参见:附录C 应用类别 代码。

本标签元素的存储编码方式参见本标准第2部分;此元素为可选项。

4.2.5.2 示例

示例1:一个馆藏在采访过程中需要进行自动化管理时,可使用如下应用类别参数:
主限定词 = 0(类 = 订购馆藏)
次限定词 = 1(子类 = 用于自动处理)
示例2:若一个馆藏在采访过程中,不考虑由系统自动识别处理,可使用如下应用类别参数:
主限定词 = 0(类 = 订购馆藏)
次限定词不存在表示没有定义(等同于次限定词值为0)
示例3:一个馆藏在流通过程中,需要手工处理且不能被自动分拣,其应用类别为:
主限定词 = 1(类 = 流通馆藏)
次限定词 = 2(子类 = 不能被自动分拣)
示例4:一个馆藏已经被剔除并可被出售,其应用类别为:
主限定词 = 7(类 = 剔除馆藏)
次限定词 = 2(子类 = 用于出售)

4.2.6 排架位置

排架位置数据元素中存有馆藏的位置信息。

此数据元素可采用图书馆确定使用的任何量值,量值反映了图书馆的书架位置体系并且仅用于拥有该馆藏的图书馆。

自动分拣系统可利用此数据元素进行分拣。

本数据元素为可选项,其值的替代获取方式为从自动化系统相应数据字段中获得。

4.2.7 ONIX媒体格式

如果ONIX媒体格式数据元素被编码,它应以两位字母字符ONIX媒体描述符形式出现。

媒体描述符来自于ONIX图书类产品格式代码表,由EDItEUR发布与维护。最新产品格式代码来自于ONIX图书类产品格式代码表(参见http://www.editeur.org)。

4.2.8 MARC 媒体格式

如果 MARC 媒体格式数据元素被编码,它应以 MARC 格式资料分类描述符形式出现。

此媒体描述符由 MARC 格式记录头标区中的第 6、第 7 位的 2 个字母组成。

参见:http://www.loc.gov/marc/bibliographic。

4.2.9 供应商标识符

供应商标识符数据元素被用于标识提供馆藏的供应商代码。

如果供应商代码由购买资料的图书馆或其所有者主体(例如大学、城市、政府)来定义的话,那么在某个地方范围内,其结构可能已有规则,推荐确定唯一化的国家级供应商标识,其前缀可参阅 ISO 15511—ISIL 2009 中的国家前缀规定。

4.2.10 订购号

订购号数据元素用于表示图书馆和供应商之间关于某一馆藏的订单号。

4.2.11 馆际互借借入机构(ISIL)

馆际互借借入机构代码(ISIL)数据元素用于标识该馆藏的借入机构。

当使用此数据元素时,借入馆代码应以 ISO 15511 标准的 ISIL 代码格式出现,此代码编码格式应采用与馆藏所属机构代码定义(ISIL)相似的规则(参见 4.2.3)。馆际互借借入机构代码(ISIL)数据元素和备选馆际互借借入机构数据元素(参见 4.2.25)互斥。

4.2.12 馆际互借作业编号

馆际互借作业编号数据元素被用于标识一个馆际互借作业。

馆际互借作业编号由馆际互借处理系统分配,并且由借出机构编码来标识一个馆际互借作业。编号结构由本地系统自定义。

4.2.13 GS1 产品标识

如果全球统一标识系统(GS1)产品标识数据元素被编码,将用于存储 GS1 的商品代码 GTIN - 13。

全球贸易商品编码 GTIN 是产品标识代码,它被用于某类产品标识而不针对独立单件。

GTIN - 13 含 13 位数字,通常在零售产品上以条码形式出现,它也是零售标签的一个元素,遵循 GS1/EPC Global 的 EPC 格式。GTIN - 13 编码在美国通常称作 UPC 码,在世界其他地方被称作 EAN - 13 码。

GTIN - 13 码包含以下编码:

——ISBN,前缀 978 和 979。

——ISSN,前缀 977。

——ISMN,前缀 979。

CD、DVD 及其他产品的编码结构没有正式注册编码,遵循惯用的 GS1 规则。这意味着许多产地在美国的产品,其编码将被扩展为以“0”开头的 13 位数字结构码,来自多数其他国家的产品使用全 13 位结构代码。将任何物品以 13 位数字结构编码非常重要,某些系统可通过最后一位校验数字对标识码做有效性检查。

4.2.14 备选馆藏唯一标识符

备选馆藏唯一标识符预留用于新标签架构下可能出现的编码。

4.2.15 本地数据 A

本地数据 A 数据元素可被用于本地定义的任何目的。结构及格式由本地确定。

4.2.16 本地数据 B

本地数据 B 数据元素可被用于本地定义的任何目的。结构及格式由本地确定。

4.2.17 题名

题名数据元素用于存放文献的正题名或馆藏分辑的题名。

4.2.18 产品标识(本地)

本地产品标识数据元素用于没有采用 GTIN－13 编码的产品。

本数据元素可用于那些没有 GTIN－13 码,或有 GTIN－13 码但不详或位数不足的情况,由此信息系统就能与 RFID 系统支持的各种编码结构相连接。

4.2.19 媒体格式(其他)

媒体格式(其他)数据元素表示任何不属于 ONIX 或 MARC 的媒体描述符。

4.2.20 供应链阶段标识

供应链阶段标识数据元素用以标识馆藏当前所处的供应链位置。

现阶段各图书馆的资料均由图书馆自行加贴 RFID 标签。当贴标工作在图书资料供应链的源头就开始实施的时候,本元素将变得更为重要。

如果此数据元素被编码,表 3 列出了应采用的供应链位置代码量值。

其余供应链阶段量值预留为未来使用,并且只能按本标准未来修订版的本节定义编码。

表 3 供应链平台代码

供应链阶段代码	供应链阶段
16	制造商
24	出版社
32	发行商
48	分销商
64	图书馆

4.2.21 供应商发票号

供应商发票号数据元素用于本地设计的针对图书馆和其供应商之间的发票编号。

本元素可以永久写入标签中,也可以仅在采购阶段临时使用。

4.2.22 备选馆藏标识

备选馆藏标识数据元素用于本地设计的可选标识。

本标识可以是临时性的,需要时也可包含其他标识符。

4.2.23 备选所属机构标识

备选所属机构标识数据元素用于图书馆机构的非 ISIL 备选标识。

当图书馆标识方案先于 ISIL 并且不容易转为 ISIL 形式时,可以使用此元素。本元素可用于非 ISIL 码或部分使用 ISIL 码的情况(参见 4.2.3)。

4.2.24 所属机构分馆标识

所属机构分馆标识数据元素用于进一步定义那些较 ISIL 层级更低的馆标识,例如一个分馆或收藏地,它实际上是一个图书馆机构内部定义的代码。

4.2.25 备选 ILL 互借机构标识

备选 ILL 互借机构标识数据元素用于馆际互借机构的备选非 ISIL 代码。

本数据元素与馆际互借机构标识(ISIL)数据元素(参见 4.2.11)互斥,且标签上仅可采用二者之一编码。

4.2.26 本地数据 C

本地数据 C 数据元素可被用于本地定义的任何目的,结构及格式由本地确定。

4.2.27 预留数据元素

为未来应用预留数据元素。

4.2.28 预留数据元素

为未来应用预留数据元素。

4.2.29 预留数据元素

为未来应用预留数据元素。

4.2.30 预留数据元素

为未来应用预留数据元素。

4.2.31 预留数据元素

为未来应用预留数据元素。

4.3 已选用数据元素表的维护

未确定的补充数据元素建议和计划中分配预留的数据元素被确定时,本标准将以公告或标准修订形式予以发布。

5 系统数据元素

5.1 系统数据与用户数据的对应

许多标签采取用户和系统数据储存于不同分区的方式来组织存储。本标准的余下部分提供了所有系统数据的细节,它们在系统架构中扮演了重要角色。5.2 小节中描述了最重要的系统数据。

5.2 图书馆中用于识别及馆藏安全的系统数据元素

5.2.1 概述

ISO/IEC 15961—3 中定义了应用族标识符(AFI)的规则、数据格式和用于 RFID 单件(馆藏)管理的对象标识符。

AFI、数据格式和用于 RFID 单件(馆藏)管理的对象标识符应与 ISO/IEC 15961—3 的规定一致。

5.2.2 应用族标识符 AFI

AFI 是一单字节代码,一般存储在标签的系统存储区内,用于在空中接口层快速选择标签,最大限度地减少与没有带指定 AFI 标签的额外通讯时间。

AFI 值 $C2_{HEX}$已被 ISO/IEC 15962—1 注册机构分配为图书馆专用。

图书馆可采用以下两种方式中的任意一种来应用 AFI:

a) 采用单 AFI 代码,其值为 ISO/IEC 15962—1 中注册的 $C2_{HEX}$。用以区分图书馆馆藏和其他物品,以免其他领域的 RFID 阅读器读到被借出的 RFID 馆藏标签,从而导致应用混淆。此值也可使图书馆系统客户端排除对可能来自其他领域、带有不同 AFI 代码的物品(标签)的访问。

b) AFI 还可作为"馆藏安全系统"的一部分,已借给读者的馆藏标签的 AFI 被写入 $C2_{HEX}$值,当图书被归还后,AFI 在馆值 07_{HEX}(定义于 ISO/IEC 15962—3)被写入标签。

遵守本标准的 RFID 标签具有必备 AFI 系统数据元素,并且仅采用上述两个 AFI 量值中的一个。AFI 与原馆藏标识及所属机构代码(ISIL)保证了一件馆藏的全球唯一性。

AFI 可被应用设定为锁定或不锁定两种模式。一旦锁定,AFI 就不能被解锁。如果 AFI 被用作安全防盗系统的一部分,则其不能被锁定。因为在这种情况下,它有两个不同的代码,一个用于"在借",另一个用于"在馆"。如果选择其他安全防盗机制,则 AFI 可由各图书馆酌情选择是否锁定。锁定前,要充分考虑图书馆馆藏在馆际合作或馆际互借时在其他图书馆的应用情形。因为即使文献所属馆没有采用 AFI 防盗策略,但文献借入馆可能想通过 AFI 实现在馆文献的安全防盗。

图书馆可选择不同的馆藏安全措施来防止馆藏被违章携出。馆藏安全系统方式的选择超出了本标准讨论的范围,RFID 供应商应该负责为图书馆提供合适的馆藏安全解决方案。

5.2.3 数据存储格式标识符 DSFID

DSFID 可以系统数据元素的身份出现在某些类型的标签中。如果 DSFID 被硬编码,也即是说有一个特定的内存分配,则空中接口协议中的"写 DSFID"命令通常通过"锁 DSFID"命令来支持。

当标签编码遵循 ISO 28560—2 规则时,DSFID 值由两个部分组成:

——在 ISO 28560 中访问方式代码定义为 00_2;

——数据格式 001102 为 ISO/IEC 15961—2 注册机构分配图书馆专用。

二者结合则产生一用于遵循 ISO 28560—2 标签编码的 DSFID 量值 06_{HEX}(本标准采纳 ISO 28560—2 标签编码方案)。

DSFID 量值 03_{HEX}用于遵循 ISO 28560—3 标签编码。

注 1:在中国区域内本标准不推广 ISO 28560—3 标签编码方案,但遵守 DSFID 的此项国际量值定义。

注 2:另两个 DSFID 量值(1_{HEX}和 3_{HEX})可能被用于不遵循 ISO 28560 标准的标签迁移用途。

注 3:其他 DSFID 量值不被采纳,直到 ISO 28560 对其有分配为止。

5.2.4 标签唯一标识符 UID

许多 RFID 标签具有一个唯一的标签标识符,由集成电路制造商写入,且存储在非改写存储区。唯一标识符可被用于馆藏安防。

5.2.5 物品电子安保 EAS

某些类型标签有一个专用于馆藏安防的系统数据字段,即物品电子安保(EAS)码。EAS 物品防盗技术是某些集成电路制造商的专有技术。

6 数据安全及完整性工具

当数据元素不在非改写区且未被锁定时,则能被未授权的他人改写。

标签数据锁定是一种可能采取的方法,某些类型标签的硬件可提供这种附加安全工具。例如:

——系统,或用户数据字段,或二者同时被保密字保护。数据的初次写入或改写都要求通过保密字。

——当馆藏处于外借状态时,锁住大部分数据元素的访问权限。这通常被称为“私有模式”标签。只有一个命令可唤醒标签。

本标准不强加任何方法来保证数据的完整性,提倡遵循本标准的标签开放其读取权限。

7 区域及业务细则

7.1 数据元素应用细则

本部分标准提供一个基本的数据元素表,并为图书馆或供应商在实施 RFID 系统时留有自由度。一些图书馆集群可能会定义专用实施细则,其自由度会受到更多限制。在定义实施细则时,以下一个或多个限制可被用于细则:

a) 细则可将一组数据元素设为必备项。在许多案例中,均包含 ISIL 形式的所属馆代码(数据元素 3)。因为只有加上 ISIL 代码后,才可以保证馆藏的全球唯一性。

b) 用户数据元素列表中含有备选项。细则中可能要求排除某些(备选)数据元素,而保留相关的某些数据元素。例如排除非 ISIL 形式的所属馆代码及馆际互借机构码。再例如 3 种媒体格式数据元素,如果要求在标签中存储此类型数据时,只有其中一种才能作为被选项。

c) 细则可能会禁止使用某些数据元素,例如“题名”数据元素。或者,它也可禁止使用另一些数据元素,除非有可行的数据保护措施,诸如标签被阻止用于外借馆藏。

d) 细则可能包含某些规则以保证数据的安全。其中一个要求就是某些数据元素要加锁,或准备被加锁。这些规则一般都与标识数据唯一性的数据元素相关,数据元素口令保护也可以是一种选择,但这可能是超出本标准范围的私有技术。

e) 细则可能包含隐私保护指导。例如,在某些地区,当馆藏准备加入到图书馆收藏时,可能不接受超出供应链阶段的馆藏题名或产品标识信息元素。

f) 针对区域或国家行政区划,细则可定义本地数据元素的使用。

7.2 区域细则

区域细则表示在区域范围内图书馆之间达成的共识。在此,区域可以是城市、地区、国家或(小型)语言区。

7.3 行业细则

图书馆集群可能为支持某些业务模型而达成对某细则的共识。这些图书馆可以不是基于区域的图书馆集群成员。例如学术图书馆的馆际互借(ILL)模式。区域细则可规定特性细则来支持某些业务流程,例如馆藏采购的自动处理。

示例 1:对于馆际互借(ILL),在大多数情况下,要求包含以下一组数据元素:

主馆藏标识

所属馆标识

要求它的目的是保证馆藏的全球唯一,并且让接收它而不拥有它的馆际互借机构能识别。

示例 2:对于馆际互借,可被认同的另一组稍大的数据元素:

主馆藏标识

所属馆标识

馆际互借借入机构

馆际互借事务号

示例 3:当图书馆新采购的文献已被图书供应商加贴了标签时,以下一组数据元素可在图书供应商和图书馆之间共同被认同:

供应商标识

订购号

图书馆的自动化系统可识别到该馆藏为新到馆藏,因为其主馆藏标识内容尚空。如果需要,其主馆藏标识也可被加到标签中。与采购处理相关的数据元素在采购处理完成后被删除。

示例 4:图书供应商对于新采购文献的标签加工,可采用另一组更大的数据元素:

供应商标识

订购号

GS1 产品标识

供应链位置代码

8　隐私问题

本标准将遵守国家法律中与隐私问题相关的条款。但是,读者与图书馆之间的关系中仍包含着隐私法律问题,例如,受雇于图书馆的职员掌握着使用公共图书馆的市民的隐私。

作为总体原则,不允许将标识读者的个人信息(不管是直接的还是间接的)存到 RFID 标签中。

如果标识馆藏的某些信息牵涉隐私问题,例如题名这种明确的标识符、GS1 产品标识符或其他一些产品标识符是否应该编码到 RFID 标签中,需要综合考虑隐私与其他应用之间的矛盾。

9　标准的执行

本标准颁布后,中国区域准备实施 RFID 应用计划的图书馆及相关机构用户(13.56MH 与 800/900MH 频段用户)在标签数据元素(用户数据、系统数据)和编码规则上应遵守本标准的规定。

中国区域的图书馆及相关机构用户在实施 RFID 应用计划时,对 13.56MH 与 800/900MH 频段的选择交由用户权衡各种利弊后自行确定,本标准不作推荐。

对图书馆已有 RFID 系统的迁移、标签数据与本标准的一致性修改要尽量与本标准中的规定靠近。其中含有 AFI 功能标签并预置为 00_2 值者(无含义量值)应及早采纳国际标准化组织规定的图书馆业专用单一或双 AFI 量值(此表述未规定安保方式的选择),以利行业 RFID 标签的区分性应答。受早期标签硬件条件所限,以及数据锁定无法修改的用户可与 RFID 供应商协商解决方案。

中国图书馆及相关组织国际标准化标识的注册由中国图书馆行业组织建立的相关注册机构负责,馆标识注册发生的重码仲裁一般由该机构协调处理,无法协调的由法律机构共同处理。

目前图书馆 RFID 应用中涉及的多重解决方案技术性问题有:

——安保方式(AFI、EAS、磁条、数据库查询法)的选择;

——异类安保系统的衔接;

——架区点检方式及数学(算法)模型;

——标签数据加锁、加密、字段(块区)校验方法选择;

——标签信息的个人隐私问题处理；

——新旧系统（新旧异类 RFID 用户）移植；

——综合性图书馆 RFID 网络系统（自动分拣系统、社区工作站）；

——数据交换中间件协议选择；等等。

对上述问题本标准暂不提出规定性（唯一性或量化）款项细则，留待标准后续版本中补充。

对当前以及发展变更阶段中上述多重方案技术的应用，可考虑在中国图书馆界 RFID 技术应用规范指南类文件中提出推荐性建议。

附录 A
（资料性附录）
RFID 标签（标识）唯一化

下图出示了 4 个与带有标签物品唯一化标识事务相关的集合体。

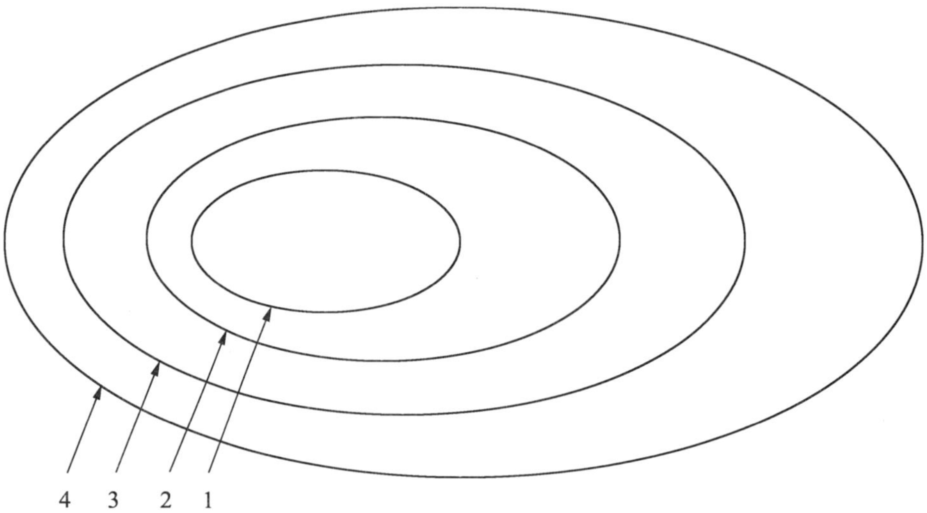

注：1 区，在一特定图书馆或图书馆集群内所有带有标签的馆藏；
　　2 区，在一个区域内所有带有标签的物品；
　　3 区，所有基于 ISO 标准带有标签的物品；
　　4 区，全球所有带有 RFID 标签的物品。

在上图中，每一集合看上去上已被封闭，但不带标签的物品仍可从外部进入。唯一化事务似乎只需考虑在一特定集合内的标签。但通常情况并非如此，即使在一特定的图书馆内，带有标签的物品仍可从外部进入，例如馆际互借的馆藏、来自发行商带有标签的图书，甚至是购自商店的非书籍物品。因此给图书馆馆藏标签附加必要的信息以保证全球唯一化是必要的。此处信息是指 AFI、用户数据元素中的主馆藏标识和所属机构标识。

附录 B
（资料性附录）
对 ISO 15511—2009 ISIL 图书馆及相关组织国际标准化标识符的参照性引用

B.1 ISIL—图书馆及相关组织国际标准化标识符

ISIL 是 ISO 组织为解决 RFID 以及电子数据环境下馆藏权属识别，补充当前图书馆馆藏条码不能区分馆藏权属，在世界、国家、区域范围内唯一性不足而制定的一个国际标准化标识符代码。该代码与馆藏主标识（馆藏条码或其他主馆藏标识）二者结合可共同确保每个图书馆馆藏的世界唯一性，为各类图书馆 RFID 自动化（自助）设备应用，以及图书馆国际互借、馆际互借、联合办馆（随时加入或退出）提供技术支持。

本标准引用 ISO 15511—2009 标准是基于馆藏实体国（馆）际互借和 RFID - 电子数据交换中的馆标识需要遵循国际标准的考虑，完全国内化的标准将不能适应发展需要。

由于 ISO 15511—2009 ISIL 提出了基本编码方案（规定和推荐部分），本标准的每个相应字段参数将尽可能地遵守其规定。

B.2 ISO 15511—2009 ISIL 标准对其标识符的规定

ISIL 是一可变长标识符，最多由 16 个字符组成，使用数字（阿拉伯数字 0—9），或来自 26 个罗马字母表的字母（不使用任何读音标记），以及如下专用符号：斜线（/），连字符（-）以及冒号（:）。每一 ISIL 标识符应依照 ISO/IEC 10646—1 指定的字符指令表实现唯一化，不必遵守拼写规则。

B.3 ISIL 组成

当 ISIL 被书写、印刷或以其他可视方式出现时，以 ISIL 字母开头，并对标识符加空格分隔。

一个 ISIL 由三个部件构成：

——前缀

——连字符

——图书馆标识符（其中可含上述 3 种专用符号）

依此顺序，在 ISIL 字符串中连字符“-”是必备字符，参见本附录中的示例。

B.4 标识前缀

B.4.1 概述

此前缀既可以是一个 2 字母国家代码，也可是一个注册过的字符串（非国家代码）。

B.4.2 国家代码

国家代码用来标识某个国家，其图书馆及相关组织位被分配 ISIL 时应位于此国家境内。国家代码应由 2 个大写字母组成，并与 ISO 3166—1 指定的代码一致。所有双字符字母组合被保留用作分配未来的国家代码，不可以分配用作非国家代码前缀。

示例 1：CN ＝ 中国

示例2：DE ＝ 德国

示例3：EG ＝ 埃及

当图书馆具有位于不同地理区域的成员时，国家代码应依主馆或主行政管理单位位置而定。

2 个字母国家代码表见 ISO 3166—1：http://www.iso.orq/iso/iso－3166－1 decoding table。

B.4.3 非国家代码前缀

一个非国家代码前缀可以是上述字符定义中定义的任意拉丁字母表字符（大写或小写）或数字的组合（但不是特殊标记）。此前缀可以是一、三或四个字符长度。此前缀应唯一化并在 ISIL 注册机构注册。

示例：OCL ＝ OCLC，有限公司

B.4.4 地理区划项

如果地理区划项被使用，推荐 ISIL 中的图书馆标识符内包含其坐落的地理区划（州、省、特区、城市等）项。

B.4.5 单位标识符项（指除前缀和地理区划代码后的部分）

单位标识符是一字母数字组合项。

依据上述编码规则，结合中国国情，本标准采用了如下编码序列：

国家前缀代码-中国行政区划代码-图书馆类别代码-图书馆自身（自定）代码

示例：CN-110108-1-NLC（国家图书馆 RFID 标签中的 ISIL 编码）

由于中国地域辽阔，编码中加入了 6 位中国行政区划代码（参照 GB/T 2260—2007）和图书馆类别代码，二者的加入主要考虑分行业注册管理的方便性和避免出现跨行业的重码问题。不采用行政区划代码字段和图书馆类别代码字段，全国不分区域、类别、大小的图书馆要在一个注册中心申请注册馆代码，其提交—查重—反馈—批准时间较长；只采用图书馆类别代码字段，则图书馆必须到全国集中的分行业注册中心申请注册馆代码（例如公共系统、教育系统、科学院系统、军队系统图书馆等）。这种方式也难于实现。采用行政区划代码字段和图书馆类别代码字段可以有效避免跨地区、行业注册重码差错，减少纠正工作量。

RFID 技术的应用在提供方便性的同时也带来了管理的复杂性，一个超大型联网图书馆和一个社区图书室都同时需要各自的馆标识，因为 RFID 标签感应式识别要求在社会上流通的标签具备此功能。出版发行行业将以印刷法将 RFID 标签印制在媒体上，RFID——物联网技术的普及将为每个大小用户提供相同的标签基础技术条件，因此大小图书馆（室）将普遍使用 RFID 技术，图书馆组建与撤销带来的馆标识的注册与取消也需要予以考虑，以往针对中型以上图书馆的馆标识分配方案很难适应时代发展的需要。

附录 C
（规定性附录）
应用类别代码

主标识(HEX)	类别	子类(HEX)	用途
0	采访文献	0/没有	采访文献/没有特别说明
		1	采访文献/用于自动处理
		2	采访文献/用于手工处理
		3—F	用于将来使用
1	流通文献	0/没有	流通文献/没有特别说明
		1	流通文献/用于自动分拣
		2	流通文献/不能用于自动分拣
		3—F	用于将来使用
2	非流通文献	0/没有	非流通文献/没有特别说明
		1—F	用于将来使用
3—4	本地自定义	0/没有	本地应用/,没有子类说明
		1—F	用于将来使用
5	用于将来使用	0/没有	将来应用/没有子类说明
		1—F	用于将来使用
6	没有有关标签用途的信息	0/没有	未定义用途。当数据元素被锁定时,可以使用此值。
		1—F	不用
7	被剔除文献	0/没有	被剔除文献/没有特别说明
		1	被剔除文献/用于出售
		2	被剔除文献/用于已出售的文献
		3	被剔除文献/要处理的文献
		4—F	用于将来使用
8	读者证	0/没有	读者证/没有特别说明
		1	读者证/成人证
		2	读者证/青少年证
		3	读者证/儿童证
		4—F	用于将来使用
9	图书馆设备	0/没有	图书馆设备/没有特别说明
		1	个人计算机
		2	视频放映机
		3	投影仪
		4	白板
		5—F	用于将来使用
A—F	将来使用	0 或没有	用于将来使用
		1—F	用于将来使用

ISBN 978-7-5013-4862-6

定价：20.00元